NOUVEAU

NIVEAU DE PENTE

INNOVATIONS DANS LES NIVELLEMENTS

ET

INSTRUCTIONS POUR L'ENTRETIEN DES ROUTES ORDINAIRES

Par M. F.-L. CHAUVIN,

CONDUCTEUR DES PONTS-ET-CHAUSSÉES.

———

PARIS,

IMPRIMERIE APPERT ET VAVASSEUR,

PASSAGE DU CAIRE; 54.

—

1854

NOUVEAU

NIVEAU DE PENTE

INNOVATIONS DANS LES NIVELLEMENTS

ET

INSTRUCTIONS POUR L'ENTRETIEN DES ROUTES ORDINAIRES

PAR M. F.-L. CHAUVIN,

CONDUCTEUR DES PONTS-ET-CHAUSSÉES.

———⋘✦⋙———

PARIS,

IMPRIMERIE APPERT ET VAVASSEUR,

PASSAGE DU CAIRE, 54.

—

1854

Vp

14955

AVERTISSEMENT.

———

Il n'est parlé dans ce petit traité que de ce qui est nouveau.

Ce ne sont donc point des choses empruntées à des auteurs, mais des choses nouvelles que l'auteur soussigné a acquises par la pratique, les recherches et l'expérience.

Batignolles, le 15 juin 1854.

F.-L. CHAUVIN.

EXPOSÉ.

Jusqu'alors, quand on a fait des nivellements sur une certaine longueur comme pour faire le projet d'une route, il a fallu pour s'assurer des opérations, vérifier les nivellements et les distances avec le niveau de pente dont je vais donner le dessin et la description, et en opérant comme je vais le désigner, on a la preuve que l'on ne fait pas d'erreurs.

L'instrument a de plus l'avantage de servir d'équerre, ainsi on peut avec lui, faire les nivellements et lever les plans.

Il n'a pas seulement l'avantage de donner les perpendiculaires comme une équerre ordinaire, il a de plus celui d'éviter les tatonnements pour arriver à la perpendiculaire sur un point donné, ou plutot d'éviter le déplacement de l'instrument.

Par sa longueur de $1^m 00$ il donne la pente à $0^m 0001$, par conséquent il est plus juste que le niveau de pente en usage; plus juste dis-je en donnant les $10/1000$″, et encore plus juste par les points visuels qui sont à $1^m 00$ de distance l'un de l'autre.

Par cette disposition on obtient encore un autre avantage, c'est de pouvoir obtenir les distances sans les mesurer, c'est un moyen qui parait être ignoré, et qui n'est enseigné dans aucun ouvrage, qui ne pourrait pas être pratiqué non plus, du moins justement et facilement, avec d'autres instruments que celui-ci, ainsi que pour obtenir les hauteurs ou profondeurs.

Enfin, il est plus portatif que les niveaux ordinaires, car il se renferme dans le trépied, ainsi ce n'est plus pour ainsi dire qu'un trépied à porter.

NOUVEAU

NIVEAU DE PENTE,

INNOVATIONS DANS LES NIVELLEMETTS

ET

INSTRUCTIONS POUR L'ENTRETIEN DES ROUTES ORDINAIRES.

―――――❦―――――

1° Dessin et description de l'instrument.

L'instrument (figure 1ʳᵉ) a cette forme étant renfermé dans le trépied.

Il se déploie en tournant les pieds du bas en haut, de sorte que la tête A se trouve en dessous au lieu d'être en dessus.

Par ce changement, le corps du niveau se trouve dégagé ; on retire une goupille qui le tient attaché au trépied, et pour opérer on monte l'instrument en remettant la goupille pour tenir le niveau par le milieu sur le trépied, et l'instrument a cette forme (figure 2ᵉ), l'équerre étant relevée avec les pinnules du niveau aussi.

Les pinnules A B sont à charnières et se couchent sur le niveau en décrivant un arc de cercle comme les ponctuées C D.

L'équerre E tient à la pinnule A et se couche contre la coulisse F avec A.

Cette coulisse F glisse à volonté sur le corps du niveau jusqu'à B, et, comme elle, emporte l'équerre avec elle; elle donne la facilité de trouver la perpendiculaire que l'on veut élever sur un point donné sans changer l'instrument de position.

Le tube à bulle d'air du niveau est renfermé dans le corps du niveau, au milieu de sa longueur; la coulisse F le recouvre lorsqu'elle est aussi au milieu, et on la fixe là quand on veut, avec une petite goupille attachée au niveau.

On ajuste la bulle d'air pour mettre l'instrument de niveau, au moyen d'une vis H.

Une coulisse est dans la pinnule A, elle monte et descend à volonté pour observer les pentes du terrain. La ligne ponctuée K est une ligne inclinée ainsi, et les divisions graduées sur la pinnule A donnent la hauteur de la pente pour un mètre de distance, de sorte qu'en multipliant cette pente, par exemple, de 0,0325 par la distance que l'on aura mesurée, le produit donnera la hauteur. Je dois dire que la coulisse renfermée dans A sert de vernier et donne les 10 1000es de mètre.

La pinnule B, comme la coulisse qui est dans A, ont l'une et l'autre, deux crins placés en croix, dans une fenêtre et une petite ouverture pour viser sur les crins, de sorte que pour vérifier le niveau on tourne l'instrument pour changer de bout, après avoir donné un coup de niveau, et on vise de nouveau sur la mire; et si le deuxième coup de niveau donne la même hauteur que le premier, le niveau est juste et l'opération aussi; s'il y a eu peu de différence, on additionne les deux cotes ensemble, on prend la moitié du produit et on obtient une cote qui est la vraie hauteur.

La pinnule A a une petite règle en cuivre qui porte les divisions, et on peut la faire monter ou descendre un peu par le moyen d'une vis; c'est pour remettre le niveau à sa justesse primitive, s'il venait à la perdre.

L'équerre a deux vis de rappel pour la remettre aussi à sa justesse primitive si elle venait à la perdre.

2° Nouveau système pour opérer de manière que l'on ne puisse pas faire d'erreur.

Il est toujours avantageux, en opérant, de savoir quelle est la pente du terrain, et même, pour rapporter le nivellement, l'opération est plus facile et plus prompte par les pentes que par les différences de hauteur; c'est pourquoi il serait avantageux d'adopter le niveau de pente que je propose, qui donne la pente jusqu'aux dix millièmes, et qui est facile à manœuvrer. S'il est un peu plus long pour opérer que le niveau d'eau, il est, en revanche, plus juste; et puis, il donne la perpendiculaire pour prendre les profils en travers; on prend aussi les pentes dans les profils en travers, ce qui est plus avantageux pour le calcul.

Pour opérer ainsi. on place toujours l'instrument à un des points du nivellement comme dans la figure 3e.

Soit *a* le premier point ou le point de départ du nivellement, et le point *b* le deuxième; le bout *c* du niveau étant vertical sur *a* (1), et la hauteur *a c* étant, par exemple de 1ᵐ 30, on fera mettre la mire au point *b*, aussi à la hauteur de 1ᵐ 30 et, après avoir mis l'instrument de niveau, on visera sur la mire comme la ligne ponctuée *d* l'indique, alors on connaîtra sur la pinnule *e* la pente par mètre du terrain compris entre *ab*, représentée par la parallèle *d*; je suppose que cette pente par mètre soit de 0ᵐ 0314, si on multiplie 0ᵐ 0314 par la distance 57ᵐ, on obtiendra 1ᵐ 79 pour la hauteur *b f*. Voilà donc la pente, et la hauteur, et la distance connues.

Mais il faut s'assurer si la pente et la distance sont justes, ce sont les bases de l'opération qui, n'étant pas vérifiées, on ne peut être certain qu'il n'y a pas d'erreur, et, pour le savoir, jusqu'alors on a toujours recommencé le nivellement et le chaînage des distances.

Pour éviter ces deux vérifications, il y a plusieurs moyens avec l'instrument que je propose : on peut faire descendre le voyant de la mire; en voici un, par exemple, à 1ᵐ 21 plus bas que 1ᵐ 79, ce qui fera 3ᵐ 00 de hauteur à partir de *f*; que l'on divise 3ᵐ 00 par 57ᵐ, il viendra 0ᵐ 0526 de pente par mètre; maintenant si on vise sur ce point pris à 3ᵐ 00 plus bas que *f*, on devra obtenir sur la pinnule E cette cote de 0ᵐ 0526 de pente par mètre; si on ne trouvait pas cette cote, c'est qu'il y aurait erreur ou dans la pente du terrain 0ᵐ 0314 ou dans la distance; mais en s'assurant bien que

---

(1) Il est à remarquer que c'est toujours de la pinnule C que devront compter les distances, parce que c'est là que se réunissent les deux lignes qui forment l'angle.

cette inclinaison de $0^m 0526$ par mètre est réelle, en jetant un coup-d'œil encore sur les points de mire, on saura si c'est la cote 57^m qui est mauvaise, ou si c'est $0^m 0314$, car la cote $0^m 0526$ étant bonne, si on divise $3^m 00$ par cette cote, on trouvera 57^m de distance.

En général, on trouvera la distance en divisant la hauteur par la cote par mètre donnée par l'instrument, même sans avoir égard à l'inclinaison du terrain, ni sans ajuster l'instrument de niveau : ainsi, dans la figure 4e, si on vise sur la mire au point a, que l'on fasse mettre ensuite le voyant au point b (3e, plus haut, par exemple), que l'on vise sur ce point B, la cote que l'on aura trouvée sur la pinnule graduée, entre les deux points C D, étant le diviseur de la hauteur, $3^m 00$ donnera toujours la distance ; je suppose donc que cette cote soit $0^m 0407$, si on divise 3^m par cette cote, on obtiendra $73^m 71$ pour la distance.

Mais pour éviter une perte de temps, il faut une mire à deux voyants, et par ce moyen, et avec le fil horizontal fixé à la pinnule A, et que la coulisse n'emporte pas avec elle, on peut viser de suite sur les deux voyants $a\,b$.

Les deux voyants sont commodes, d'ailleurs, un circule sur le corps de la mire, l'autre étant fixé à la tête de la rallonge.

Il est à remarquer que si on voulait déterminer les grandes distances par ce moyen, que ce ne serait pas bien exact, car cette base de 3^m est bien faible et forme un angle très aigu au point c, mais pour les petites distances, et attendu la longueur de 1^m du niveau, longueur qui permet de compter jusqu'aux dix-millièmes, on peut toujours obtenir justement les petites distances ou les vérifier ; d'ailleurs quand on fait un projet qui nécessite des profils en travers, comme pour une route, et pour faire ensuite les calculs des terres à déplacer, on est presque toujours dans la nécessité de donner des coups de niveau assez rapprochés, quand même le terrain serait long sur la ligne du profil en long, car il faut avoir égard aux profils en travers ; le terrain n'est pas toujours droit d'un profil en travers à un autre quand il l'est sur le profil en long.

Voici un moyen d'obtenir les grandes distances sans les mesurer sur le terrain, et toutes les distances en général quand la position des points est inaccessible, c'est-à-dire où l'on ne peut envoyer une personne avec la mire :

Soit le point a, figure 5, dont on veut connaître la distance au point b ; étant au point b, il faut viser avec l'équerre sur d et faire mettre deux jalons dans la direction de bc, ensuite mesurer sur bc une distance quelconque, 10^m par exemple ; là on place l'instrument , on vise sur a avec l'équerre, et la perpendiculaire sur cette ligne ac, au lieu d'être bc, sera cd ; maintenant il faut mesurer bien précisément la distance db, que je suppose de 0^m25, c'est 0^m025 par mètre, et puis divisant 10^m par 0^m025, on obtient 400^m pour la distance ba.

Si on veut bien se persuader que cette mesure est géométrique, on peut supposer ce parallèle à ba, l'angle cac étant semblable à l'angle cdb ; si on prolonge les deux lignes cd et cb jusqu'à la distance de 400^m, on trouvera 10^m d'intervalle entre elles, comme si on prolongeait E jusque vis-à-vis de a, on trouverait également 10^m entre les deux points, puisque ce est parallèle à ba.

On peut prendre telle distance que l'on voudra par ce

moyen, par exemple d'un clocher que l'on verrait dans le lointain en prenant une base un peu plus grande pour obtenir plus de justesse; mais quand on n'a pas besoin de précision, une base de 10ᵐ peut suffire, car, quelle que soit la distance, on obtiendra toujours un intervalle entre $d b$, ne serait-il que de 0ᵐ01; si on divise 10ᵐ par 0ᵐ01, on obtiendra 1,000ᵐ pour la distance.

Voici un exemple aussi pour faire voir avec quelle facilité on obtient la hauteur d'un objet quelconque avec cet instrument, et par le procédé que j'emploie.

Je suppose que l'on veuille avoir la hauteur d'une tour, qui est dans une position presque inaccessible, fig. 6.

On envoie un homme avec une mire au pied de la tour ; étant placé au point a avec l'instrument, on vise sur deux points de la mire éloignés, par exemple de 3ᵐ50 l'un de l'autre, l'instrument donne une cote que je suppose de 0ᵐ0454, 3ᵐ50 divisé par 0ᵐ0454 donne 77ᵐ09 pour la distance du point a à la tour; maintenant il faut voir quelle est la cote que l'instrument donne en visant sur le pied de la tour et au sommet ; je suppose que cette cote soit 0ᵐ,1247, il suffit de multiplier 0ᵐ1247 par 77ᵐ09 et le produit est 9ᵐ61 pour la hauteur de la tour.

Pour lever les plans on a quelquefois besoin de prendre des angles ; c'est pourquoi j'ai ajouté un cercle divisé en degrés, ayant le niveau pour alidade, mais pour ne pas compliquer l'instrument je n'ai rien ajouté pour fixer le cercle à 0ᵐ00, quand on observe un angle; mais il suffit de coter combien de degrés au premier point que l'on observe et de soustraire la cote de celle que l'on aura obtenue au deuxième point pour avoir l'angle précis.

Mais on peut prendre les angles sans graphomètre, par exemple fig. 7.

Soit supposé les deux alignements *ab* et *ac*, formant angle au point *d*, angle dont on veut connaître l'ouverture pour le rapporter.

On sait que les rapporteurs ont un petit rayon et qu'il faut prolonger les alignements bien au-delà de ce rayon; il en résulte que, pour peu qu'il y ait d'inexactitude dans l'établissement de l'angle, en prolongeant les lignes l'erreur devient bien sensible.

Il est donc préférable de rapporter les angles par les cordes des arcs. Pour cela, il faut mesurer sur le terrain par exemple 10^m dans le prolongement de *a b*, 10^m sur l'alignement *a c* et mesurer la corde *d c*; je suppose que cette corde soit de 3^{m}25, c'est 0^{m}325 par mètre; si on veut rapporter l'angle à un rayon plus grand que 10^m, par exemple à 30^m, il suffit de multiplier 0^{m}325 par 30^m et on obtiendra une corde de 9^{m}75. Un angle rapporté à un tel rayon est certainement bien plus juste que le prolongement d'un alignement sur le faible rayon du rapporteur (1).

_____

(1) Quand la pente sera considérable, au point que la pinnule A (fig. 2) sera trop courte, on fera glisser cette pinnule A jusqu'au milieu du niveau, c'est-à-dire à 0^{m}50, là, la hauteur de la pinnule sera doublée; par exemple si la hauteur de la pinnule marque 0^{m}124, la pente sera de 0^{m}248.

Il sera donc facile par ce moyen d'observer des pentes très considérables.

Et par ce même moyen de faire glisser la pinnule A à volonté, on pourra trouver sur le niveau les distances, et ainsi on n'aura pas besoin de calculer (pour cela j'ai divisé le corps du niveau en parties de mètre); par exemple, on sait qu'à 30^m de distance la pinnule A, placée au bout du niveau, c'est-à-dire à 1^{m}00 de la pinnule B, marquera 1^{m}06 de pente ou d'ouverture quand on a 3^m de hauteur pour base sur la mire, et qu'en

Instruction sur l'entretien des routes
en empierrement et en pavé.

Je crois que jusqu'alors on n'a pas attaché une assez
grande importance à l'avantage qu'il y a de faire de suite

mettant cette pinnule A au milieu du niveau, c'est-à-dire à la cote de 0m30,
la pinnule marquera 0m03 d'ouverture; que si l'on met la pinnule à 0m75
sur le corps du niveau, la hauteur ou l'ouverture d'angle sur la pinnule
sera entre 0m03 et 0m06, c'est-à-dire à 0m045.

Maintenant je suppose que l'on se mette à 55m de la mire et que l'on vise
dessus avec 0m06, la pinnule A étant à 1m00, il est certain que les points
visuels passeront au-delà des 3 mètres d'intervalle sur la mire, pour y arriver juste, il faut mettre la pinnule au milieu du niveau, c'est-à-dire à
0m50, la pinnule devra être mise à 0m03 qui représente 0m06 au bout du
mètre, et puis on fera glisser la pinnule vers la mire jusqu'à ce que les
rayons visuels arrivent aux 3m00, y étant, on comptera sur le niveau la
distance qui devra être 0m55, qui représente 55m.

Et si au lieu de se mettre au-delà de 50m, on se mettait plus près, à 47m par
exemple, dans ce cas, les points visuels de 0m06 n'atteindront pas les 3m00
d'intervalle sur la mire; pour y arriver, il faut rapprocher la pinnule vers
soi jusqu'à ce que les rayons visuels de 0m06 arrivent aux 3m00; y étant,
on comptera sur le niveau la distance, qui devra être de 0m94, qui représente 47m, parce que la moitié de 94 est 47.

On doit comprendre que plus la base que l'on prend sur la mire est
grande, plus les opérations sont justes; si on avait, par exemple, une mire
qui puisse donner 5m00 entre les deux voyants, les opérations seraient plus
justes qu'avec une base de 3m00; mais avec une mire ordinaire, 3m00 de
base sera une règle presque générale, et les distances de 50m aussi, c'est-
à-dire que l'on se bornera à prendre les distances maximum à peu près de
50 mètres; dans ce cas, on doit voir que les centimètres sur l'instrument
représentent des mètres sur le terrain, les millimètres des décimètres et les
dix millièmes des centimètres, quand la pinnule A est placée à 0m30 sur le
niveau, mais quand elle est placée à un mètre, il faut 0m02 pour mètre.

une chaussée solide quand on fait une route neuve avec chaussée d'empierrement.

Il arrive que, quand on fait une chaussée faible, elle s'enfonce dans la terre par la pression des voitures fortement chargées et que cette chaussée baisse; d'ailleurs, il faut le remarquer, une chaussée neuve baisse toujours sur un sol ordinaire, et cela se conçoit; car un sol qui n'a pas été comprimé, tassé, venant à l'être par la fréquentation, le poids des voitures, baisse évidemment; aussi arrive-t-il toujours, surtout quand on fait une chaussée faible, que le milieu de la route surtout baisse; on baisse ensuite les accotements pour conserver la pente transversale, ensuite on creuse de nouveau les fossés, et il arrive que, pour maintenir la route avec ses fossés dans sa largeur fixée, que l'on prend aux propriétaires riverains et de chaque côté une zone de terrain comme on le voit par le ponctué, fig. 8.

J'estime que le sol d'une route neuve baisse communément de 0^m20; ainsi c'est 20^c de terrain qu'on prend illégalement mais involontairement aux riverains de chaque côté de la route, quand il n'y a pas de remblai.

Quand la chaussée a été faible et que la pierre s'est enfoncée dans la terre par la pression, qu'il s'est formé des rouages, il arrive que cette chaussée se trouve mêlée de terre, et si on veut épuiser la terre de la chaussée en arrachant la pierre et la purgeant de terre, puis la remettant ensuite, travail duquel il résulte du déchet, car il reste toujours de la petite pierre dans la terre que l'on a extraite, il en résulte que la chaussée devient encore plus faible qu'auparavant, que la pierre s'enfonce de nouveau dans la terre par la pression du roulage, surtout quand le sol a été détrempé par les pluies, et c'est toujours par le temps de pluie que cela se fait ; puis il survient de nouveaux rouages, la chaussée redevient encore plus mêlée de terre que primitivement.

Si l'on continue donc à arracher la chaussée pour la purger de terre, je dis qu'on arrivera à sa propre destruction ; on serait conduit aussi à baisser de nouveau les accotements, à creuser les fossés, à reprendre de nouveau deux zones de terrain riverain des routes. Que l'on compte ensuite lesprix de main-d'œuvre ! on obtiendra une dépense considérable, et puis on a détruit la route au lieu de l'améliorer. Je dis qu'il ne convient pas d'arracher la pierre, parce que en l'arrachant on affaiblit la chaussée ; il vaut mieux l'augmenter avec la pierre d'entretien que l'on a à y mettre.

Une chaussée ne peut être solide que quand la pierre est garnie dans ses interstices, de matières formant mortier ; autrement la pierre est toujours mouvante, et par l'effet de la pression du roulage elle s'abîme.

Sur une chaussée de bonne épaisseur, qu'on ne laisse pas rouager, les pierres ne conservent entre elles que la quantité de mortier que ses interstices renferment ; car il est certain que quand ce mortier est détrempé par les pluies, la pression du roulage fait sortir l'excédent et qu'il se présente à la surface de la chaussée.

Dans les chaussées faibles, même quand le sol est détrempé, comme je l'ai dit, la boue qui se trouve au-dessous passe au travers de la chaussée par la pression du roulage, et cette boue se présente aussi à la surface de la chaussée ; de là vient presque tout l'ébouage qu'on est obligé de faire opérer. Plus une chaussée est faible, plus il y a d'ébouage ; et puis la chaussée baissant, on baisse aussi les accotements pour con-

2

server la pente transversale de la route, on creuse les fossés, on arrive ainsi à baisser la route involontairement, puis les eaux ne peuvent plus s'écouler comme primitivement. Que l'on compte ensuite la main-d'œuvre qui résulte de tout le travail des terrassements, de l'ébouage continuel, des talus des fossés qui augmentent, du terrain que l'on prend aux riverains, on pourra se faire une idée du désavantage d'une chaussée trop faible.

Dans l'entretien des chaussées en empierrement, si on mettait une couche de pierre qui couvrît toute la chaussée, on verrait bientôt se former des rouages. Il faut savoir que les voitures attelées de plusieurs chevaux marchent plutôt en ligne droite qu'une voiture attelée d'un seul cheval, que ce sont ces voitures-là qui forment les rouages, et parce qu'elles sont plus lourdement chargées et parce qu'elles vont, dis-je, plus en ligne droite.

Dans l'entretien des chaussées en empierrement, il faut faire éviter les rouages et laisser le passage aux chevaux libre, c'est-à-dire leur laisser la facilité d'éviter de marcher sur la pierre nouvellement employée.

Pour éviter les rouages, il faut faire faire des sinuosités aux voitures dans leur parcours, et par la manière d'éviter aux chevaux de marcher sur la pierre comme dans cette figure 9e, on parvient à faire marcher les voitures suivant la ligne sinueuse a, b, c, d.

Trois choses vicieuses me paraissent encore exister dans l'entretien des routes en empierrement.

1° C'est de ne pas bien disposer les pièces d'emploi de la pierre pour faire varier les frayés et éviter les rouages et pour que la pierre fasse corps promptement avec la chaussée.

2° C'est de ne pas disposer ces pièces de manière à ne pas gêner la circulation, et j'ajouterai qu'il résulte de ce qu'on n'emploie pas bien la pierre pour éviter les rouages, que la circulation se trouve gênée, c'est-à-dire que les chevaux ne peuvent pas éviter de marcher sur la pierre nouvellement employée ; qu'il résulte aussi de ce que les chevaux sont obligés de marcher sur la pierre nouvellement employée, que cette pierre reste longtemps mouvante sur la route et qu'elle tarde à faire corps avec la chaussée, surtout quand on place les pièces en travers de la chaussée au lieu de les placer en long ; en plaçant les pièces en travers, non-seulement la pierre est plus longtemps à prendre, puisque les roues ne passent pas sur la longueur de la pièce, mais encore la chaussée ne peut être aussi unie.

3° Et quand on a pour principe d'employer chaque année toute la pierre que l'on fournit chaque année, il en résulte qu'on se hâte de l'employer, lors même que la chaussée est encore trop ferme et que la pierre se trouve broyée, et puis, l'on place les pièces d'emploi trop près l'une de l'autre, et c'est d'où vient, non-seulement les rouages, mais encore la gêne de la circulation ; enfin, de ce principe il résulte :

La gêne dans la circulation,
Des rouages dans la chaussée,
De la dépense en main-d'œuvre pour réparer le mal,
Et de la pierre perdue.

J'estime que, par ce principe, 1/3 des fonds que l'on a accordés pour l'entretien des chaussées en empierrement se trouve absorbé en pure perte.

Pour bien tirer parti de la pierre qu'on emploie sur les

routes en empierrement, il faut bien choisir le temps pour la placer ; il faut que la chaussée soit détrempée par les eaux, que les roues, en passant dessus, l'enfoncent dans la chaussée au lieu de l'écraser ; et il faut disposer les pièces d'emploi de manière que ce soit toujours les roues qui passent dessus et non les chevaux.

Pour arriver à ce résultat, il faut disposer les pièces d'emploi comme dans la figure 10, quand il s'agit d'un entretien ordinaire.

Les cantonniers, en général, ont une tendance à remplir de pierres toutes les flaches qu'ils rencontrent dans leurs tournées d'emploi, et il en résulte qu'ils passent plusieurs jours pour remplir toutes les flaches qui se trouvent dans la chaussée de leur canton. Il est bien nécessaire de les empêcher de suivre cette habitude pour deux raisons :

1° Parce qu'ils doivent faire une tournée d'emploi sur tout leur canton chaque jour propre à l'emploi ; passer plusieurs jours pour faire une tournée d'emploi, la chaussée se trouve rouagée où ils ont commencé à employer.

2° Parce que, en mettant les pièces trop près l'une de l'autre, les chevaux ne peuvent éviter de marcher dessus, et c'est ce qui gêne la circulation ; il s'ensuit aussi qu'ils marchent en ligne droite, et de là, des rouages se trouvent formés.

Il faut bien éviter aussi de remplir une grande flache surtout quand elle se trouve sur le milieu de la chaussée.

Il faut donc, dans une chaussée qui aurait des flaches, comme a, b, c, c, e, figure 9, il faut, dis-je, dans une tournée d'emploi, employer seulement une partie de a, la partie pointillée, remplir aussi b, c, e, mais ne pas remplir *d*, on attendra que la pierre placée dans *a*, *b*, *c*, *e* soit prise pour remplir *d* et l'autre partie de *a*. D'après cette disposition, les chevaux, au lieu de suivre une ligne droite, feront une ligne sinueuse dans leur parcours, comme elle est figurée.

Les cantonniers, en général, ont l'habitude de boucher les rouages pour éviter les frayés, aussi ils mettent de la pierre là où il se fait des rouages.

Je suis persuadé, et j'en ai la preuve acquise, que pour éviter les rouages il faut effacer le frayé des chevaux. Les chevaux, en général, forment un frayé avec leurs pieds qu'ils suivent tous, et c'est une cause des rouages ; il faut donc contrarier les frayés des chevaux, les obliger à marcher en faisant des sinuosités ; et, en obligeant ainsi les chevaux à marcher en faisant des sinuosités, on n'a pas besoin de réparer les rouages qui ne sont pas trop prononcés ; mais, je suppose qu'il y en ait, ils se trouveront effacés par l'effet des sinuosités que les chevaux font dans le parcours avec les voitures.

Une chose digne de remarque, c'est que les sinuosités que l'on peut faire faire aux voitures attelées sont plus ou moins prononcées suivant le nombre de chevaux ; ainsi, une voiture attelée d'un cheval fera des sinuosités plus prononcées qu'une voiture attelée de deux chevaux ; une voiture attelée de deux chevaux fera aussi des sinuosités plus prononcées qu'une voiture attelée de trois chevaux, etc.; car, par le nombre de chevaux en tirant tous, il y a une tendance à marcher en ligne droite, et il résulte de cela que les roues des différentes voitures ne passent pas sur les mêmes points, que par ce fait la pierre employée se trouve prise bien plus promptement que quand les voitures suivent toutes une seule ligne ; et, enfin, l'avantage d'éviter les rouages.

En général, pour éviter les rouages, c'est de mettre les pièces de pierre de cette manière sur une chaussée, comme *a* (figure 11ᵉ).

Par cette disposition, on verra les chevaux allant de *b* vers *c* suivre la ligne *d*, et les chevaux allant de *c* vers *b* prendre la ligne *e*.

On a essayé plusieurs moyens d'employer la pierre, mais il m'a semblé que l'on ne s'était pas encore fait une idée des moyens que je viens d'expliquer, c'est pourquoi j'en parle ; c'est aussi parce que j'ai acquis la preuve de leur efficacité.

Je vais mettre en parallèle l'emploi de la pierre, les pièces mises en travers, et l'emploi de la pierre, les pièces mises en long comme il convient de le faire pour éviter les rouages :

Il est bien entendu que dans les deux figures il y a la même quantité de pierre, occupant une surface égale de la chaussée, eh bien, voici la longueur parcourue par les roues sur la pierre employée (fig. 12), elle est de 8ᵐ40.

$$
\begin{array}{r}
1.20 \\
0.90 \\
1.20 \\
1.30 \\
0.90 \\
1.00 \\
0.90 \\
\underline{1.00} \\
8.40
\end{array}
$$

Et sur la figure 13ᵉ, la longueur parcourue sur la pierre employée est de 13ᵐ80.

$$
\begin{array}{r}
2.50 \\
3.00 \\
3.20 \\
3.10 \\
2.00 \\
\hline
13.80
\end{array}
$$

Ainsi la pierre fera plutôt corps avec la chaussée par le système d'emploi figuré sur la figure 13, que par celui employé sur la figure 12 ; les chevaux marcheront plus facilement puisqu'ils ne seront pas obligés de marcher sur la pierre ; la pierre ne se trouvera pas déplacée par les pieds des chevaux ; il ne s'y formera pas de rouage, puisque les chevaux marcheront en ligne sinueuse et que par l'explication que j'ai donnée des différents attelages, les roues ne passeront pas toutes sur la même ligne, et que c'est un motif de plus pour que la pierre fasse plus tôt corps avec la chaussée.

On a essayé d'employer la pierre par encaissement, c'est-à-dire de piocher les parties de chaussées où on voulait mettre de la pierre, pour former une espèce de bassin que l'on remplissait de pierre au niveau de la surface de la chaussée.

Voici les inconvénients que je trouve dans ce procédé :

D'abord beaucoup de dépense en main-d'œuvre ; ensuite ce bassin rempli de pierre reçoit les eaux et les boues amenées par les eaux ; or, il s'agit d'assécher une chaussée, d'en retirer la boue et l'eau.

Ainsi que je l'ai dit, il faut que les pierres soient garnies dans les interstices, qu'il y ait entre elles un certain mortier, sans cela la pierre serait mouvante, mais il faut que ce mortier soit en petite quantité pour que la chaussée soit ferme ; c'est donc par l'épuisement de la boue que l'on réduira le mortier à une petite quantité, et bien qu'on emploie la pierre par répandage au lieu de l'employer par encaissement ; par répandage c'est-à-dire placer la pierre sur la surface de la chaussée après avoir enlevé la boue ; ce sera évidemment augmenter la pierre de la chaussée et diminuer la boue (le mortier) dans la proportion où elle y est comprise, et c'est à ce but qu'il faut arriver.

J'observerai que quand la chaussée n'a pas de flaches prononcées où l'eau puisse séjourner, quand elle n'a pas de ces flaches là, dis-je, que l'on met de la pierre pour la soutenir seulement en bon état, réparer la perte de l'usure qu'elle a subie, on doit mettre la pierre clair, laisser un peu d'intervalles entre elles pour qu'elle puisse s'enfoncer plus facilement dans la chaussée par la pression des voitures et ne pas former de bosses. Je répéterai que pour cela il faut attendre que la chaussée soit bien détrempée par l'humidité, comme par un dégel par exemple.

Je vais maintenant mettre ces deux systèmes, l'encaissement et le répandage, en parallèle ; il s'agit d'assécher une chaussée :

L'encaissement reçoit les eaux, la boue, et les conserve, cause une grande dépense de main-d'œuvre, cause aussi un déchet dans la pierre.

Le répandage clair permet à l'eau de s'écouler et d'entraîner la boue avec elle ; il ne nécessite point cette grande dépense en main-d'œuvre, il ne cause point de perte dans la pierre de la chaussée.

En général, il faut connaître les routes pour bien administrer un bon entretien, il faut connaître la nature du sol, de la pierre d'entretien. Sur un sol sablonneux, il ne faut pas de galets pour l'entretien de la chaussée, car elle se désagrège à la moindre sécheresse, la pierre est mouvante ; le galet ne peut être employé qu'à défaut de pierre cassée et encore sur un sol argileux qui s'attache à la pierre, qui forme une boue collante.

Sur des chaussées qui sont sujettes à se désagréger par la sécheresse, ou parce que le sol est sec, ou parce que la pierre comme le quartz, par exemple, n'a pas de liaison, il convient d'y ajouter avec la pierre d'entretien du schiste cassé ou de la pierre calcaire, mais celle-ci a l'inconvénient de coller aux roues par un temps humide, surtout dans un dégel, et d'enlever avec elles la pierre de la chaussée.

Des chaussées pavées.

Les chaussées pavées en pavé d'échantillon qui ont 20 à 22 centimètres de côté, ont l'inconvénient, pour peu que le pavé ait la surface bombée, d'user beaucoup les bandes des roues, on voit ces roues, presque à chaque pavé, glisser à droite où à gauche, ce qui use beaucoup le pavé aussi ; il a, de plus, l'inconvénient que les chevaux ne tiennent pas pied dessus; ils glissent aussi, tombent souvent et s'abîment; il a l'inconvénient encore de causer beaucoup de bruit, et enfin d'être très rude à marcher.

Pour obtenir ce gros pavé d'échantillon, il faut en rebuter beaucoup dans les carrières, rebut qui serait bien utilisé en employant du petit pavé.

Il y aurait tout avantage d'employer tout petit pavé de 0^m 10 de côté, par exemple, et de 0^m 15 de queue : un pavage fait de pavés de cette dimension, soigné comme on doit le faire, ferait des chaussées faciles à marcher, bien moins bruyantes que le gros pavé et n'userait pas aussi vite; il n'userait pas autant les ferrures; les chevaux tiendraient pied plus facilement, ils ne tomberaient pas comme sur le gros pavé.

Je crois qu'on en viendra à préférer ce petit pavé à des empierrements; on repavera avec ce pavé de 0^m 10 de côté et de 0^m 15 de queue, des chaussées dépavées et mises en empierrement sur des routes très fréquentées.

Mais pour paver ainsi, il ne faut pas une forte couche de sable dessous, il faut peu de sable, mais sur un sol qui a été comprimé par le roulage ou autre chose, et sur une couche de pierre cassée, qui compléterait avec ce petit pavé et une couche de sable de 0^m05 d'épaisseur placée entre le pavé et l'empierrement, une épaisseur de chaussée de 0^m27, qui viendrait à être réduite par la pression à 0^m25. Cette couche de pierre cassée n'aurait pas besoin d'être de première qualité; de la pierre inférieure suffit, mais il faudra qu'elle soit comprimée.

On ferait une faute de faire piocher un bon sol comprimé, et on se tromperait si on supposait une dépense plus considérable en main-d'œuvre pour paver en petit pavé qu'en gros pavé.

Les canivaux seulement dans ces chaussées pavées auront besoin d'être formées de gros pavé pour résister à l'écoulement des eaux et pour former une espèce de fossé d'écoulement de l'infiltration des eaux, et ce sera comme dans la fig. 14.

Pour l'entretien de ces chaussées il faudrait des cantonniers paveurs et avec le soin qu'on apporterait dans l'entretien on aura des chaussées qui n'auront pas l'inconvénient de se rouager ; on ne verra pas la pierre de la chaussée s'enlever autour des roues dans les temps de dégel et de pluie ; on ne verra pas la chaussée se désagréger par la sécheresse, et elle n'usera pas autant qu'une chaussée d'empierrement et ne coûtera pas tant d'entretien (1).

Des sables pour maçonnerie.

Il y a du sable hydraulique comme il y a de la chaux hydraulique. Il m'a paru que jusqu'alors on ne connaissait que

(1) L'entretien des chaussées en empierrement à Paris ne parait pas exiger les soins que je trouve nécessaire d'apporter dans la campagne, parce qu'à Paris la fréquentation est telle que les voitures se croisent à chaque instant, et par là il ne se fait pas de rouages; la pierre prend corps avec la chaussée aussi promptement, et il se forme une boue grasse qui lie les pierres ensemble, ce qui fait que la chaussée ne se désagrège pas non plus facilement.

la chaux hydraulique, et on ne cherche nullement le sable hydraulique, on n'en parle même pas ; c'est ce qui m'engage à en parler ici. Le sable hydraulique cependant est encore plus avantageux que la chaux hydraulique, car celle-ci jointe avec certains sables anti-hydrauliques ne produit pas l'effet qu'on en attend, tandis que le sable hydraulique allié avec la chaux grasse fait un mortier qui durcit d'autant plus à l'eau qu'il en entre en plus grande quantité dans le mélange pour en faire le mortier.

Je connais deux espèces de sable hydraulique, du calcaire et de l'argileux ; l'un et l'autre sont secs, et on ne trouve pas d'eau ou rarement stagnante dans les carrières de ces sortes de sables.

Le sable anti-hydraulique contient beaucoup d'eau, ce qui fait qu'il n'est propre que pour les maçonneries qui sont hors l'humidité. Le sable anti-hydraulique est siliceux ; il a pour base le silex, le grès, le quartz.

Des expertises.

J'ai vu faire des fautes assez notables dans l'estimation des terrains, qu'il s'agissait de faire expertiser pour l'établissement d'une route où, par suite d'alignement où il y avait à prendre ou à céder du terrain aux riverains et pour indemnité de carrières des matériaux pris pour l'entretien des routes, et cela m'a engagé à donner une explication à ce sujet.

Dans une traverse de bourg ou de ville, par exemple, les terrains sont plus ou moins chers en raison de l'importance de l'endroit, de son commerce, de sa position, de sa tendance à s'accroître ou à diminuer ; mais cette considération ne suffit pas : le plus important de tout ce qui est à considérer, c'est l'étendue du terrain que possède le propriétaire sur le bord de la route, non pas en largeur sur cette route, mais en profondeur comme dans la fig. 15.

Sur la route départementale n° 6, restent deux maisons en saillie, comme *a*, *bb'*, la ligne ponctuée est l'alignement de la route ; le propriétaire de *a* a tout le terrain *c* ; le propriétaire de *bb* n'a que le terrain *d* ; outre l'emplacement de sa maison, et en le faisant reculer sur l'alignement, il ne lui reste plus qu'une très petite zone de terrain au point *c* et sa maison reculée envahira sa petite cour *d*, tandis que le propriétaire de *ac*, sa maison reculée n'altère presque en rien la position de sa propriété.

En supposant que dans cette traverse de bourg le terrain, sur cette route n° 6, vaille communément 10 fr. le mètre carré, j'estimerai le terrain que l'on prendra au propriétaire de *ac* à 3 fr. le mètre carré, et le terrain que l'on prendra au propriétaire de *b*, *d*, *b'*, la partie *b* à 25 fr. le mètre carré, et la partie *b'* à 100 fr. le mètre carré.

Pour indemniser les propriétaires des terrains par suite d'extraction de matériaux, ou pour emprunts de terre nécessaires à l'établissement d'une route ou à son entretien, on doit estimer combien vaut la pièce de terre, par exemple, avec ses clôtures en haies, et ses plantations en arbres frui - tiers ou autres arbres, et payer la partie que l'on aura fouil- lée sur la valeur de cette pièce de terre, moins la valeur que cette partie conserve encore après la fouille ; s'il ne s'agit que de fouille, que la fouille ait enlevé un arbre ou une par- tie de haie, cela ne doit augmenter en rien l'indemnité, puis- que l'indemnité par are de terrain fouillé, par exemple, aura été basée sur la valeur de la pièce de terre plantée et close (on laisse ordinairement le bois abattu au propriétaire sans faire de déduction sur l'indemnité).

On fait souvent de grandes fautes en estimant la pièce de terre valant, par exemple, 1,500 fr. l'hectare, et puis, ajou- tant à l'indemnité pour la fouille qu'on aura faite, une par- tie de clôture détruite valant tant..., un arbre abattu valant tant...., produisant tant.... J'ai vu tripler la valeur de la pièce de terre plantée et close, par ce système d'estimation, tripler, dis-je, sans s'en apercevoir, sans s'en rendre compte. On ne compte pas que la haie occupe du terrain qui ne pro- duit pas ; on ne compte pas que l'arbre porte ombrage et que le terrain sous l'arbre produit peu de chose ; on dit aussi : cet arbre me rapporte tant.... de fruits que je vends tant...., et on ne compte pas le temps que l'on passe à recueillir ces fruits ou ce qu'on paie pour les recueillir; on ne compte rien de tout cela.

Il y a une autre chose à considérer, c'est que les terrains sur les bords d'une route ont plus de valeur que ceux qui en sont éloignés, parce que l'exploitation est plus facile, et en- suite pour bâtir, et si l'on fait des fouilles près des routes et que l'on estime le terrain valant, par exemple, 2,000 fr.

l'hectare qui ne vaudrait que 1,500 fr. éloigné de la route, on ne doit pas payer l'indemnité sur 2,000 fr., mais seulement sur 1,500; car sur 2.000 fr. ce serait payer au propriétaire l'avantage de la route, quand cet avantage reste au propriétaire, puisqu'il conserve le terrain, ce serait, enfin, payer une plus value qui reste à l'avantage du propriétaire.

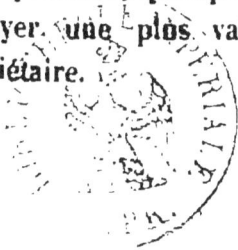

Echelle de 0.™10 pour Mètre.

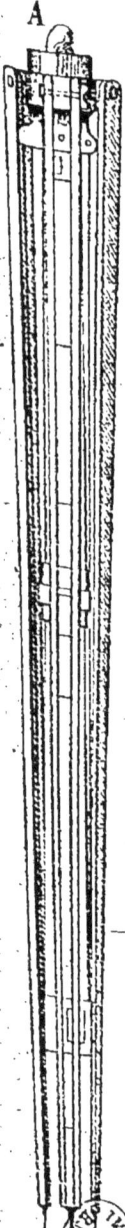

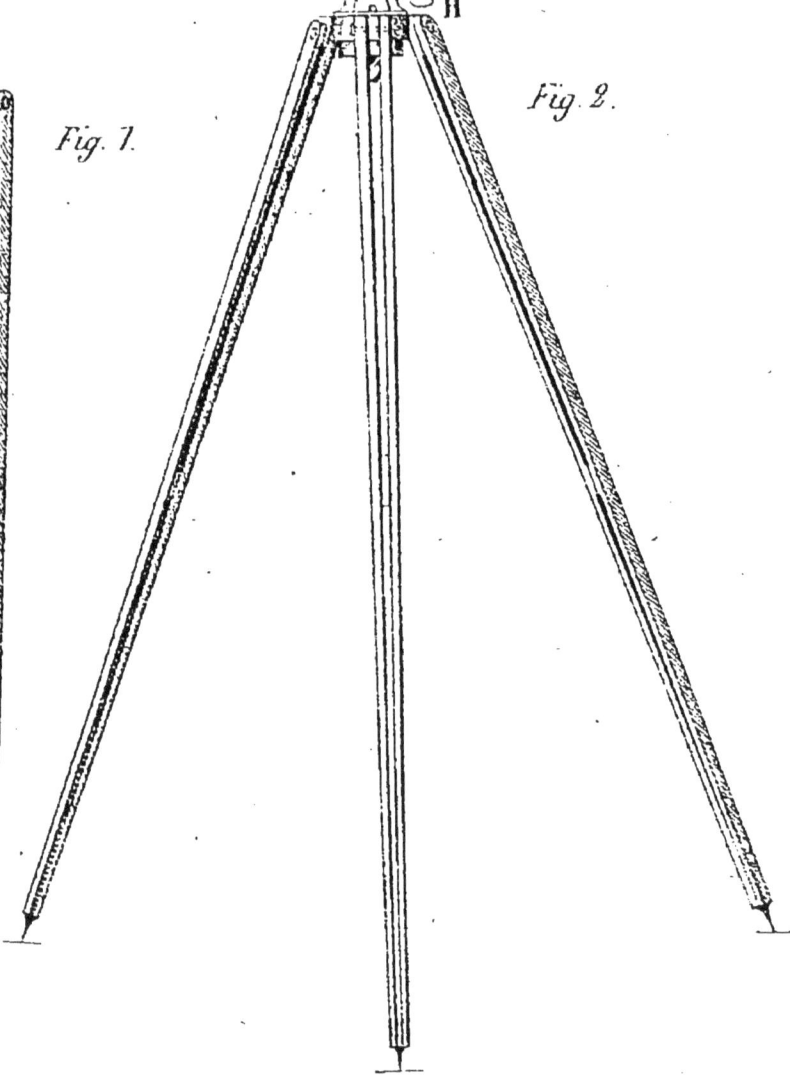

Fig. 1.

Fig. 2.

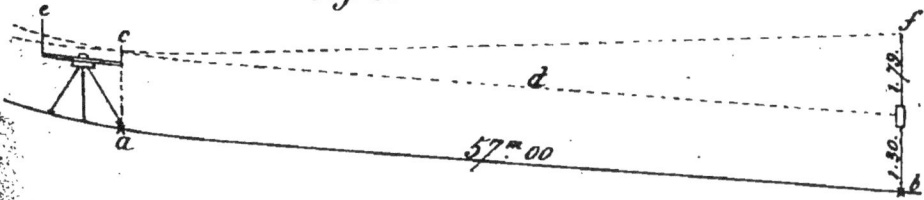

Fig. 3.

57ᵐ00

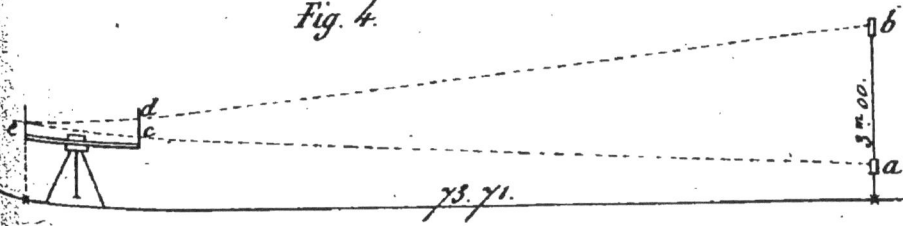

Fig. 4.

73.71.

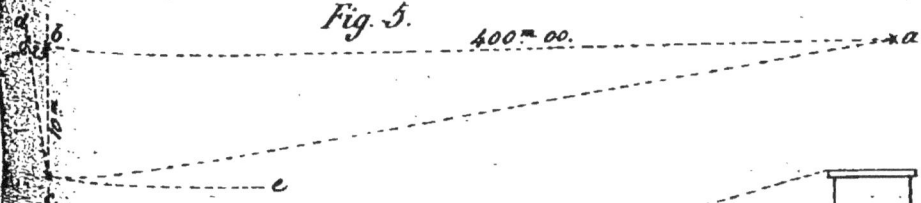

Fig. 5.

400ᵐ00.

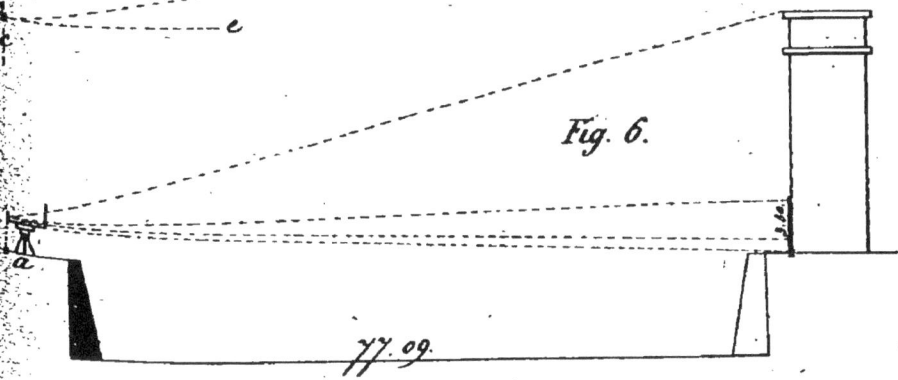

Fig. 6.

77.09.

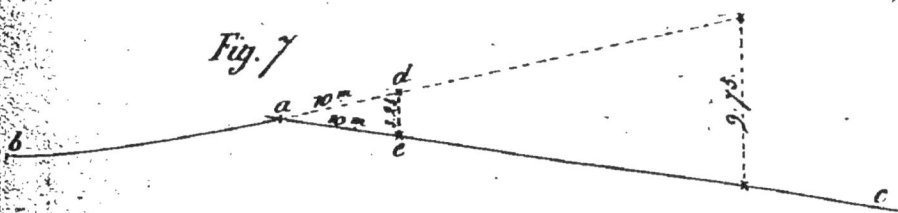

Fig. 7

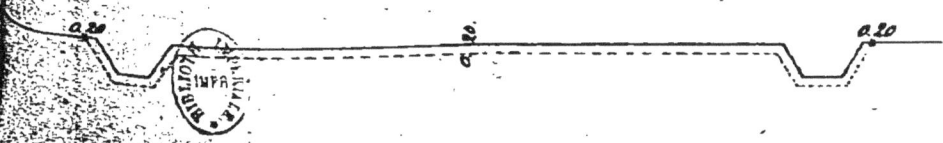

Fig. 8.

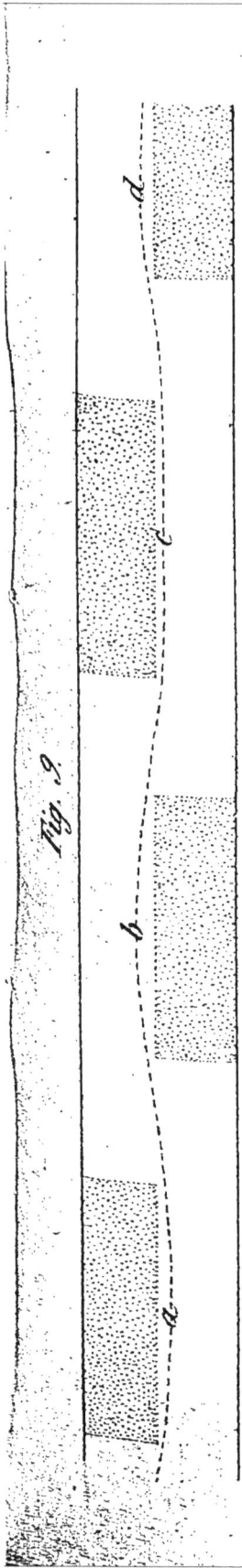

Fig. 9.

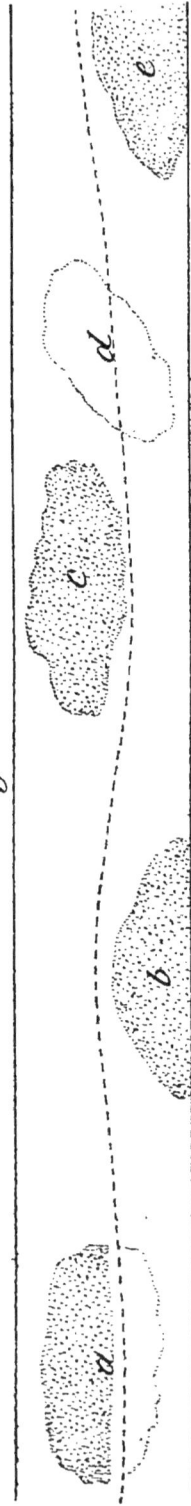

Fig. 10.

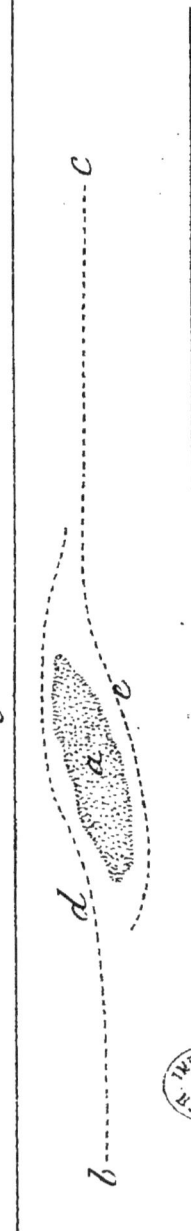

Fig. 11.

Fig. 12.

Parcours des Chevaux.

1.80 1.94   1.00 1.20 0.90   1.20 0.90   1.00

Fig. 13.

Parcours des Chevaux.

2.50   3.00   3.50   3.70   2.00

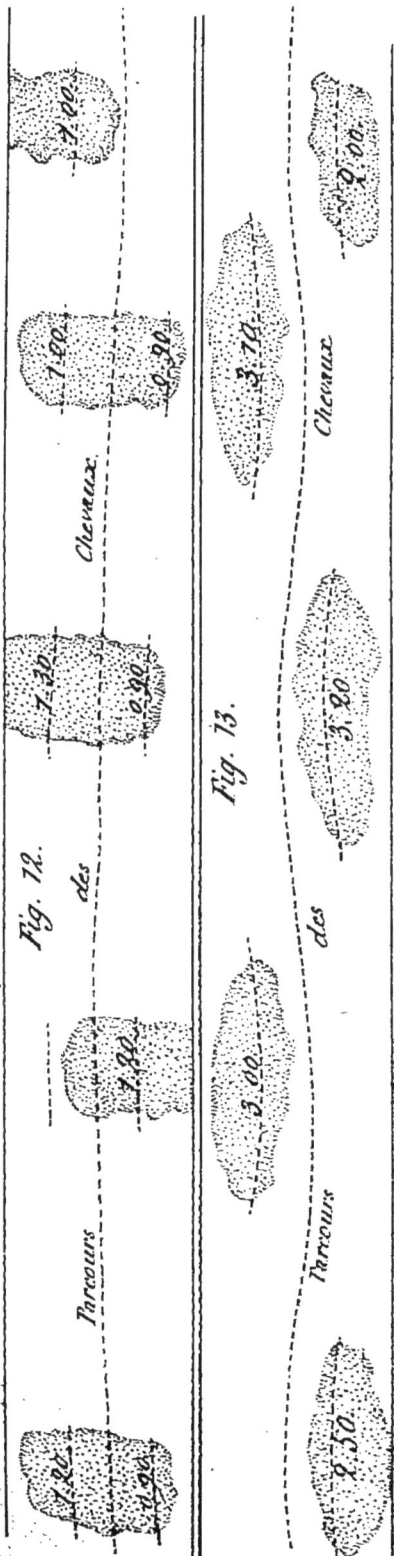

Coupe en travers d'une Chaussée pavée.
Fig. 14.

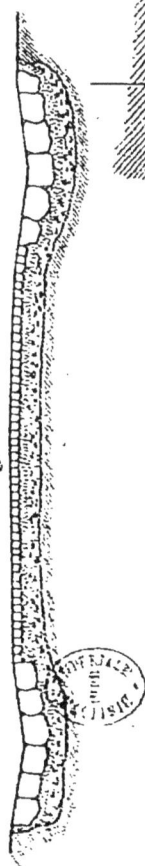

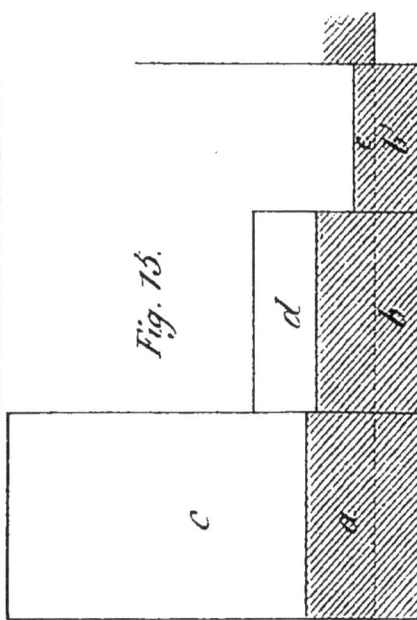

Fig. 15.

c   d   a

d   b

e   b

Route départementale, N.° 6.

www.ingramcontent.com/pod-product-compliance
Lightning Source LLC
Chambersburg PA
CBHW070716210326
41520CB00016B/4364